UEBER DIE MELILOTSÄURE

UND DAS

MELILOTSÄURE-ANHYDRID.

VON

HEINRICH HOCHSTETTER.

STRASSBURG.
KARL J. TRÜBNER.
1884.

Buchdruckerei von G. Otto iu Darmstadt.

Nachstehende Untersuchung wurde im chemischen Laboratium der Kaiser-Wilhelms-Universität Strassburg auf Veranlassung des Herrn Prof. Dr. Fittig ausgeführt. Es sei mir gestattet, an dieser Stelle meinem verehrten Lehrer meinen Dank für die mir zu Theil gewordene Anregung und Unterstützung auszusprechen.

EINLEITUNG.

Während die früher bekannten Lactone von Oxysäuren derivirіren, in welchen die Hydroxylgruppe sich am dritten Kohlenstoffatom, von der Carboxylgruppe aus gerechnet, befindet, lernte man in dem von Wolff[1] dargestellten δ-Lacton der Oxycapronsäure einen Körper kennen, der durch innere Anhydridbildung aus einer δ-Oxysäure entsteht, und in welchem demnach der Lactonring fünf Kohlenstoffatome enthält.

Die neue Verbindung zeigt sich auch in ihren Eigenschaften wesentlich verschieden von den andern Lactonen. Am Bemerkenswerthesten ist das Bestreben derselben mit kohlensaurem Alkali schon bei gewöhnlicher Temperatur in das Salz einer Oxysäure überzugehen, und wenn die aus den γ-Lactonen erhaltenen Oxysäuren nur bei niedriger Temperatur beständig sind, bei höherer — ja meist schon bei gewöhnlicher – Temperatur, vollkommen in Lacton und Wasser zerfallen, so zeichnet sich die δ-Oxysäure schon durch grössere Beständigkeit aus. Das Wolff'sche δ-Lacton geht schon beim Stehen an der Luft, ferner beim Stehen mit Wasser, rascher aber beim Kochen mit Wasser in die entsprechende Oxysäure über. Diese Umsetzung erfolgt jedoch nicht quantitativ, sondern dauert nur so lange fort, bis sich ein bestimmter Gleichgewichtszustand zwischen Lacton und Säure

[1] Ann. d. Chemie, 216, 134.

hergestellt hat, wie von Wolff durch zwei schöne Versuche gezeigt wurde.

Zu der Gruppe der δ-Lactone ist auch das Melilotsäureanhydrid zu rechnen, das von Zwenger[1] zuerst dargestellt und beschrieben wurde. Dasselbe entsteht aus der Melilotsäure, und zwar durch Austritt von 1 Molekül Wasser aus 1 Molekül Melilotsäure:

$$\underset{\text{OH}}{C_6H_4} - CH_2 - CH_2 - COOH \quad - H_2O = \quad \underset{\text{O}}{C_6H_4} - CH_2 - CH_2 - CO \;(\text{O—CO geschlossen})$$

(Melilotsäure) (Melilotsäureanhydrid)

Ueber die Melilotsäure und das Melilotsäureanhydrid liegen bis jetzt vor die Arbeiten von Zwenger und Bodenbender,[2] von Zwenger[3] und von Herzfeld und Tieman.[4]

Zwenger erhielt die Melilotsäure aus dem Cumarin, Herzfeld und Tieman erhielten sie aus der Orthocumarsäure durch Einwirkung von Natriumamalgam. Das Melilotsäureanhydrid wurde von Zwenger durch trockene Destillation der Melilotsäure erhalten. Die Angaben Zwengers lassen erkennen, dass die Melilotsäure und das Melilotsäureanhydrid grosse Aehnlichkeit mit der δ-Oxycapronsäure und dem derselben entsprechenden δ-Lacton besitzen.

Es schien gerade jetzt um so wünschenswerther, die Angaben Zwengers zu vervollständigen, da es sich um die Entscheidung der Frage handelt, in wie weit Benzolkohlenstoffatome, welche sich in einem Lactonring befinden, im Stande sind, die Eigenschaften der Lactone (speciell der δ-Lactone) zu verändern.

Auf Veranlassung von Herrn Prof. Dr. Fittig unternahm ich es daher, das chemische Verhalten der Melilotsäure und des Melilotsäureanhydrides, im Besonderen aber die Uebergänge der Säure in das Anhydrid und des Anhydrides in die Säure zu studiren. Das Resultat meiner Unter-

---

[1] Ann. Suppl. 5, 100—124.
[2] Ann. 126, 258—266.
[3] Ann. Suppl. 5, 100—124.
[4] Ber. d. deutschen chem. Ges. 10, 286.

suchungen wird im ersten Theile der nachstehenden Arbeit mitgetheilt werden.

Die Melilotsäure und das Melilotsäureanhydrid sind, ebenso wie die Orthocumarsäure und das Cumarin, Orthoverbindungen. Während nun aber die ersten beiden Verbindungen im Verhältniss von Säure und Anhydrid zu einander stehen, so gilt dies kaum von der Orthocumarsäure und dem Cumarin, denn das Cumarin kann nur sehr schwer in die Orthocumarsäure übergeführt werden, aus dieser aber lässt sich nur auf eine einzige Weise das Cumarin direct regeneriren.[1] (Ich werde auf diese Reaktion später noch zu sprechen kommen.)

Gegen Basen zeigen Cumarin und Melilotsäureanhydrid ein sehr verschiedenes Verhalten. Letzteres geht beim Erwärmen mit Barytwasser in das sehr beständige Baryumsalz der Melilotsäure über. Aus einer Lösung dieses Satzes wird durch Säuren die Melilotsäure abgeschieden. Das Cumarin löst sich zwar ebenfalls beim Erwärmen mit Barytwasser in diesem auf, allein das entstehende Baryumsalz ist so unbeständig, dass schon beim Einleiten von Kohlensäure in die wässrige Lösung desselben das Cumarin wieder unverändert abgeschieden wird. Die Melilotsäure und das Melilotsäureanhydrid unterscheiden sich hinsichtlich ihrer Zusammensetzung von der o. Cumarsäure und dem Cumarin nur durch den Mehrgehalt von je 2 Wasserstoffatomen, und die Melilotsäure kann aus der o. Cumarsäure durch Anlagerung von 2 Atomen Wasserstoff, aus dem Cumarin durch Anlagerung von 2 Atomen Wasserstoff und 1 Molekül Wasser direkt erhalten werden. Da, einerseits, diese Ueberführung sehr leicht gelingt, andererseits aber, Reaktionen, welche auf eine grössere Verschiedenheit in der Constitution der genannten Verbindungen hindeuten könnten, bis jetzt vollständig fehlen, so sah man sich zu der Annahme gezwungen, dass in der Melilotsäure die Hydrocumarsäure, im Melilotsäureanhydrid ein Hydrocumarin vorläge. Gegen diese Annahme schien,

---

[1] Durch Erhitzen von Acetylcumarsäure für sich erhält man unter Abspaltung von Essigsäure Cumarin zurück.

ausser den oben erwähnten Thatsachen, auch noch die zu sprechen, dass, wenn eine Ueberführung des Cumarins in Melilotsäure auch sehr leicht gelingt, eine Rückführung der Melilotsäure in Cumarin bis jetzt noch nicht gelungen war. Mit der Auffindung eines solchen Ueberganges würde daher der Annahme, dass zwischen den Strukturverhältnissen der genannten Verbindungen wirklich solche einfache Beziehungen existirten, eine neue Stütze geschaffen werden.

Der zweite Theil meiner Arbeit ist in der Absicht unternommen worden, einen solchen Uebergang zu finden. Das Ergebniss dieser Untersuchung ist an der betreffenden Stelle niedergelegt.

I.

DARSTELLUNG DER MELILOTSÄURE UND DES MELILOTSÄUREANHYDRIDES.

Zur Darstellung der Melilotsäure lies ich auf Cumarin, das mit viel Wasser übergossen wurde, die zehn bis fünfzehnfache theoretische Menge vierprocentigen Natriumamalgams einwirken. Der Prozess verläuft, wie schon Zwenger angibt, am Besten bei einer Temperatur von 40—60°. Nach Beendigung der Reaktion wurde mit Schwefelsäure angesäuert, wobei eine milchige Trübung entstand. Die Flüssigkeit wurde hierauf mit Aether ausgeschüttelt und der nach Verdunsten des Aethers gebliebene Rückstand mit einer Lösung von kohlensaurem Natrium übergossen. Nachdem der alkalischen Flüssigkeit durch häufige Extraction mit Aether der Rest von etwa unzersetztem Cumarin entzogen worden war, wurde abermals mit Schwefelsäure angesäuert, und nun fiel ein röthlich gefärbtes Oel aus, das der sauren Flüssigkeit durch Aether sehr leicht entzogen werden konnte. Die ätherische Lösung hinterliess nach freiwilligem Verdunsten des Aethers eine krystallinische Masse, die durch mehrmaliges Umkrystallisiren aus lauwarmem Wasser in farblosen, oder doch nur schwach röthlich gefärbten, Krystallen von rhombischem Habitus erhalten werden konnte. Den Schmelzpunkt der Säure fand ich zu 83°. (Herzfeld und Tieman geben denselben zu 82—83° an). Die Eigenschaften der so erhaltenen Säure stimmen überein mit denjenigen, welche Zwenger von der Melilotsäure angibt. — Schöne

Krystallle von Melilotsäure erhielt ich auch durch Krystallisiren derselben aus heissem Benzol. Beim Erkalten der Benzollösung schieden sich wasserhelle, durchsichtige Krystalle ab, die eine dünnprismatische Ausbildung zeigten. Beim Stehen an der Luft nahmen dieselben rasch ein verwittertes Aussehen an, so dass es den Anschein hatte, als ob sie mit Benzol krystallisirten. Der Schmelzpunkt dieser Krystalle stimmte überein mit dem der aus Wasser krystallisirten Säure.

Das Anhydrid der Melilotsäure wurde durch trockene Destillation der Melilotsäure aus einem Fraktionskölbchen erhalten. Die ersten Partieen, welche übergehen, bestehen aus Wasser und geringen Mengen eines farblosen Oeles. Sobald kein Wasser mehr übergeht, steigt das Thermometer rasch auf 272°, und nun destillirt das Melilotsäureanhydrid über, das durch nochmaliges Destilliren rein erhalten wird. Der Siedepunkt, der bei 272° liegt, sowie die übrigen Eigenschaften des erhaltenen Körpers stimmen genau mit den Angaben Zwengers über das Melilotsäureanhydrid überein. Im Exsiccator erstarrte die Verbindung zu Krystallen, die bei 25° wieder schmolzen.

ÜBERGÄNGE DER MELILOTSÄURE IN DAS MELILOTSÄUREANHYDRID UND DES ANHYDRIDES IN DIE SÄURE.

Während Wolff von der δ-Oxycapronsäure angibt, dass sie im Exsiccator unter Verlust von Wasser theilweise in Lacton übergehe, konnte ich bei der Melilotsäure eine Gewichtsabnahme im Exsiccator nicht constatiren. 0,2312 gr Säure zeigten selbst nach zehntägigem Stehen über Schwefelsäure noch absolut das gleiche Gewicht. Eine Anhydridbildung kann demnach nicht stattgefunden haben. Beim Behandeln mit Wasser von gewöhnlicher Temperatur geht die δ-Oxycapronsäure ebenfalls schon theilweise in das Lacton über, die Melilotsäure dagegen kann, ohne dass eine partielle Anhydridbildung eintritt, aus lauwarmem Wasser umkrystallisirt werden.

Zur Prüfung, ob die Melilotsäure beim Erwärmen mit Wasser theilweise in ihr Anhydrid übergehe, wurden 1,5 gr reiner Säure in 20—25 cubcm Wasser gelöst und dann am Rückflusskühler 12 Stunden lang gekocht. Der Inhalt des Kolbens blieb nach dem Erkalten vollkommen klar. Eine kleine Probe schied auf Zusatz von kohlensaurem Alkali kein Oel ab. Dass eine theilweise Umsetzung der Säure in Anhydrid aber doch stattgefunden hatte, konnte auf folgende Weise nachgewiesen werden: die stark sauer reagirende Flüssigkeit wurde mit kohlensaurem Alkali bis zur alkalischen Reaktion versetzt und hierauf mehrmals mit Aether ausgeschüttelt. Nach Verdunsten des Aethers blieben einige wenige Oeltröpfchen zurück, die in Wasser unlöslich sind, in warmer Natronlauge sich jedoch leicht lösen. (Die Trübung, die beim Lösen in NaOH beobachtet wurde, scheint davon herzurühren, dass das gebildete Natriumsalz in Natronlauge schwer löslich ist.) Die alkalische Lösung wurde nun mit Salzsäure bis zur stark sauren Reaktion versetzt und die saure Flüssigkeit hierauf mit Aether ausgeschüttelt. Nachdem der Aether verdunstet war, krystallisirte eine Säure aus, die genau denselben Schmelzpunkt besass, wie die Melilotsäure. Der Nachweis, dass Anhydridbildung wirklich stattgefunden hat, ist hierdurch mit Schärfe geliefert. Die Menge des gebildeten Anhydrids ist jedoch, im Vergleich zu der Menge der unzersetzt gebliebenen Säure, sehr gering.

Kaum günstiger ist die Ausbeute an Anhydrid, wenn man die Melilotsäure, statt mit Wasser, mit verdünnter Salzsäure erhitzt. 1,5 gr Säure wurden in 24 cubcm Wasser gelöst und dann etwa 8 cubcm concentrirter rauchender Salzsäure zugesetzt. Die Flüssigkeit wurde hierauf am Rückflusskühler 12 Stunden lang gekocht. In ähnlicher Weise, wie oben beschrieben ist, wurde nachgewiesen, dass ein kleiner Theil der Säure in Anhydrid übergegangen war. Wie klein die Menge des gebildeten Anhydrids gewesen, erhellt daraus, dass ich, bei sorgfältigem Arbeiten, 1,3 gr der angewandten Säure als solche zurückerhielt.

Das Melilotsäureanhydrid ist, wie schon oben erwähnt, bei gewöhnlicher Temperatur eine farblose Flüssigkeit. Es ist löslich in Alkohol, Aether und Schwefelkohlenstoff, löst sich dagegen nicht auf in kaltem Wasser; wenn man das Anhydrid mit Wasser mischen will, so setzt es sich als ein klares Oel unter dem Wasser ab.

Eine Eigenschaft des Wolff'schen δ-Lactons ist es, sich beim Stehen mit kaltem Wasser zum Theil ziemlich rasch in die Oxysäure zu verwandeln. Dieselbe Fähigkeit besitzt das Melilotsäureanhydrid, nur geht die Umwandlung hier viel langsamer vor sich. Eine Probe von Melilotsäureanhydrid wurde mit einem bedeutenden Ueberschuss von Wasser zuerst eine Zeit lang geschüttelt und dann stehen gelassen. Nach 24 Stunden war eine saure Reaktion des Wassers noch kaum zu bemerken. Erst nach etwa 30 Stunden trat schwach saure Reaktion ein, die nun von Tag zu Tag immer deutlicher wurde. Nach sechs mal 24 Stunden wurde stark saure Reaktion beobachtet; das Anhydrid, welches als Oel am Boden sass, liess eine Abnahme jedoch noch kaum erkennen. Die Tendenz des Anhydrides, auch mit kaltem Wasser in die Oxysäure überzugehen, zeigt sich übrigens auch darin, dass dasselbe, wenn es nicht in hermetisch verschlossenen Gefässen aufbewahrt wird, aus der Luft Wasser aufnimmt und nach längerer Zeit, unter Bildung von Melilotsäure, theilweise erstarrt.

Sehr viel rascher gelingt die Umwandlung des Anhydrides in die Oxysäure durch Kochen desselben mit Wasser. 1 gr Anhydrid wurde mit ca. 15 gr Wasser übergossen. Nach zweitägigem Stehen, als saure Reaktion noch kaum constatirt werden konnte, wurde die Flüssigkeit am Rückflusskühler längere Zeit gekocht. Nach $^1/_2$stündigem Kochen war stark saure Reaktion eingetreten. Die erkaltete Flüssigkeit war milchig getrübt; ein Auskrystallisiren von Melilotsäure konnte nicht beobachtet werden. Aus einer kleinen Probe schied kohlensaures Kalium noch Tröpfchen von Anhydrid ab. Nach $3^1/_2$stündigem Kochen trübte sich die Flüssigkeit erst bei starker Abkühlung, und diesmal schied kohlensaures Kalium keine merklichen Mengen von Anhydrid mehr ab. Nach 12stündigem Kochen wurde mit kohlensaurem Alkali bis zur alkalischen Reaktion versetzt, mit Aether ausgeschüttelt und die, nach dem Verdunsten des Aethers, zurückbleibenden Oeltröpfchen in warmer Natronlauge gelöst. Die, mit Salzsäure bis zur stark sauren Reaktion versetzte, Flüssigkeit wurde abermals mit Aether ausgeschüttelt. Der Aether hinterliess nach freiwilligem Verdunsten eine kleine Menge radialgruppirter Krystallnädelchen, die sich durch den Schmelzpunkt als Melilotsäure zu erkennen gaben. Die Menge des unverändert gebliebenen Anhydrids war eine sehr geringe.

Ein Verhalten, das von dem des Lactons der δ-Oxycapronsäure etwas verschieden ist, zeigt das Melilotsäureanhydrid gegen kohlensaures Alkali. Es wurde eine kleine Menge Anhydrid mit einer concentrirten Lösung von kohlensaurem Kalium (ca. 5 cubcm) übergossen und damit geschüttelt. Von einer Abnahme des Anhydrids war anfangs Nichts zu bemerken; eine solche war erst nach 24 Stunden eingetreten und in noch grösserem Maasse nach weiteren 24 Stunden. Erst nach 5 Mal 24 Stunden war das Anhydrid vollständig verschwunden.

Aus den bis jetzt mitgetheilten Versuchen geht hervor, dass die Melilotsäure und das Melilotsäureanhydrid mit der δ-Oxycapronsäure und deren Lacton in ihrem chemischen Verhalten insofern übereinstimmen, als einerseits die Säure, in Berührung mit Wasser, unter Abgabe von Wasser, andrerseits aber das Anhydrid, unter Wasseraufnahme, sich gegenseitig so lange umsetzen, bis ein bestimmter Gleichgewichtszustand hergestellt ist. Während aber die Umsetzung der δ-Oxycapronsäure in das Lacton und umgekehrt schon mit Wasser von gewöhnlicher Temperatur erfolgt, geht die Melilotsäure mit Wasser von gewöhnlicher Temperatur überhaupt nicht in das Anhydrid über, das Anhydrid aber verwandelt sich nur sehr langsam in die Säure. Soll die Umsetzung rascher erfolgen, so muss gekocht werden.

Was die Mengenverhältnisse anlangt, in welchen hier Anhydrid und Säure auftreten, so ist zu bemerken, dass, neben einer bedeutenden Menge der Säure, stets nur sehr geringe Mengen des Anhydrids gebildet werden.

ÜBER EINEN QUANTITATIV VERLAUFENDEN ÜBERGANG DER MELILOTSÄURE IN MELILOTSÄUREANHYDRID.

Auf S. 7 der Einleitung habe ich mitgetheilt, dass es bis jetzt nur auf eine einzige Art gelungen sei, die Orthocumarsäure direkt in Cumarin überzuführen: Herr Dr. Ebert fand nämlich im Privatlaboratorium des Herrn Prof. Fittig, dass sich die *o*-Cumarsäure beim Behandeln mit bei 0° gesättigter, rauchender Bromwasserstoffsäure quantitativ in Cumarin verwandle. Dass das Cumarin wohl nicht als das Anhydrid der Orthocumarsäure betrachtet werden dürfe, ist schon hervorgehoben worden. Dieser Uebergang aber lässt es immerhin möglich erscheinen, dass das Cumarin und die *o*-Cumarsäure wirklich im Verhältniss von Anhydrid und Oxysäure zu einander stehen. An Wahrscheinlichkeit würde eine solche Vermuthung gewinnen, wenn es gelänge, die Melilotsäure, deren Anhydrid ja zweifellos das sog. Melilotsäureanhydrid ist, durch diese Reaktion ebenfalls quantitativ in das Melilotsäureanhydrid zu verwandeln.

Es wurden daher 2—3 gr Melilotsäure in einem kleinen Cylinder mit dem 3 fachen Volumen concentrirter, rauchender, bei 0° gesättigter Bromwasserstoffsäure übergossen. Die Melilotsäure löste sich beim Umschütteln in der Bromwasserstoffsäure nach und nach vollständig auf, wobei sich die Flüssigkeit allmählich braun färbte. Nach 18 Stunden konnte die Abscheidung eines Oeles noch nicht beobachtet werden. Es wurde hierauf mehrmals mit Chloroform ausgeschüttelt und das Chloroform durch freiwilliges Verdunsten entfernt. Der Rückstand bestand aus 1—2 cubcm eines bräunlich gefärbten Oeles, das, zur Entfernung von Wasser und anhaftendem Bromwasserstoff, längere Zeit in den Exsiccator neben Schwefelsäure und Kalihydrat gestellt wurde.

0,1934 gr dieses Oeles gaben bei der Analyse

0,5143 CO_2 und 0,0987 H_2O

Berechnet für	Gefunden
$C_9H_8O_2$	
C 72,97	72,54
H 5,41	5,64
O 21,62	
100,00	

Während die oben beschriebenen Uebergänge der Melilotsäure in das Melilotsäureanhydrid zweifellos auf eine einfache Wasserabspaltung zurückzuführen sind, ist es möglich, dass die Umsetzung in dem vorliegenden Fall — und ebenso die Umwandlung der Orthocumarsäure in Cumarin — in anderer Weise verläuft. Es könnte nämlich das Bromatom des Bromwasserstoffs die Hydroxylgruppe substituiren, während gleichzeitig das Wasserstoffatom der Bromwasserstoffsäure mit der Hydroxylgruppe sich zu Wasser verbindet. In diesem Falle müsste intermediär eine Verbindung:

$$C_6H_4 \begin{cases} -\ (1)\ Br \\ -\ (2)\ CH_2 - CH_2 - COOH \end{cases}$$

entstehen, welche, in Berührung mit rauchender Bromwasserstoffsäure, 1 Molekül Bromwasserstoff abspaltet, während gleichzeitig das zweite Sauerstoffatom der Carboxylgruppe die Lactonbindung bewirkt. Ob die Vermuthung, dass die Reaktion im vorliegenden Fall in der angegebenen Weise verläuft, thatsächlich begründet ist, darüber müssen künftige Untersuchungen entscheiden.

Die Angaben von Gabriel [1] über die Eigenschaften der Orthobromhydrozimmtsäure machen dies allerdings nicht gerade wahrscheinlich, aber Gabriel hat die o-Bromhydrozimmtsäure nicht eingehender untersucht.

Es sind übrigens ja viele Reaktionen beobachtet worden, wo ein Reagenz Umsetzungen bewirkte, ohne selbst an denselben Theil zu nehmen. Man hat dieses Verhalten so aufgefasst, dass das Reagenz nur eine Lockerung des Moleküls bewirkt, aber bevor die Einwirkung desselben stattfindet,

[1] Ber. d. d. chem. Ges. 15, 2295—2296.

eine andere Zersetzung eintritt. Möglicherweise gehört auch die fragliche Anhydridbildung zu diesen merkwürdigen Erscheinungen: durch die Tendenz des Bromwasserstoffs die Hydroxylgruppe zu entfernen, wird diese selbst soweit gelockert, dass sie mit dem Wasserstoff der Carboxylgruppe sich als Wasser abspaltet.

II.

EINWIRKUNG VON BROM AUF MELILOTSÄUREANHYDRID IN DER KÄLTE.

Perkin[1] erhielt, als er auf Cumarin, das in Schwefelkohlenstoff gelöst war, Brom bei gewöhnlicher Temperatur einwirken liess (ohne dass Bromwasserstoff bei der Reaktion auftrat) ein Cumarindibromid. Diese Verbindung besitzt dieselbe Zusammensetzung wie das Anhydrid der Dibrommelilotsäure: $C_9 H_6 O_2 Br_2$. Wenn beide Verbindungen identisch sind und ausserdem die Ueberführung derselben in Cumarin gelingt, so ist für die Annahme, dass die Strukturverhältnisse beider Verbindungen wirklich so einfache sind, wie sie in den für beide angenommenen Constitutionsformeln zum Ausdruck gelangen, ein neuer Beweis erbracht.

In der Hoffnung, das Anhydrid der Dibrommelilotsäure zu erhalten, liess ich auf Melilotsäureanhydrid, das in Schwefelkohlenstoff gelöst war, 4 Atome Brom einwirken. Es entwickelte sich eine reichliche Menge Bromwasserstoff. Nachdem die Reaktion beendigt war, wurde der Schwefelkohlenstoff durch freiwilliges Verdunsten entfernt. Ein einheitliches Produkt konnte jedoch nicht erhalten werden. Ausser einem festen Körper blieb ein Öl zurück. Ich konnte mich übrigens leicht überzeugen, dass das Brom unter den gegebenen Versuchsbedingungen Benzolwasserstoff substituire, denn das Reaktionsprodukt spaltete beim Kochen mit Alkalien kein Brom ab. — Nachdem dies constatirt war, versuchte ich durch Einwirkung

---

[1] Ann. 157, 116.

von 2 Atomen Brom auf Melilotsäureanhydrid ein einheitliches Produkt zu erhalten. Ich hoffte auf diese Weise zu einem gebromten Melilotsäureanhydrid zu gelangen, welches das Bromatom an Benzolkohlenstoff gebunden enthielte. Es schien mir interessant zu untersuchen, ob sich eine solche Verbindung gegen Wasser und kohlensaures Alkali ähnlich verhielte, wie das Melilotsäureanhydrid.

Auf 1 gr reines Anhydrid, das in 6,2 gr Schwefelkohlenstoff gelöst wurde, liess ich nach und nach 1,15 gr Brom (entsprechend 2 Atomen) einwirken. Die Einwirkung geht anfangs sehr langsam vor sich, erst nach einiger Zeit entwickelt sich Bromwasserstoff. Eine Erwärmung der Lösung konnte ich jedoch nicht beobachten. Nachdem die Reaktion begonnen hatte, wurde das Röhrchen, welches das Anhydrid enthielt, mit einem durchbohrten Kork verschlossen, in welchen eine stark nach unten gekrümmte Röhre eingesteckt war. Nach 12 Stunden war die Reaktion zu Ende. Die Farbe des Broms war verschwunden und die Flüssigkeit nur noch schwach rosaroth gefärbt. Auf dem Boden und an den Wänden des Gefässes hatten sich Krystalle abgesetzt, die, nachdem sie von der Mutterlauge getrennt und mit kaltem Schwefelkohlenstoff gewaschen worden waren, fast farblos oder doch nur schwach rosaroth gefärbt erschienen. Aus der Mutterlauge wurden durch freiwilliges Verdunsten des Schwefelkohlenstoffs weniger reine Krystallanschüsse erhalten. Durch mehrmaliges Umkrystallisiren aus Chloroform wurde der Körper in schönen farblosen Krystallen von dickprismatischer Ausbildung erhalten. Der Schmelzpunkt der reinen Verbindung lag bei 106°. Eine Zersetzung derselben trat selbst bei 180° noch nicht ein.
0,2001 gr lieferten 0,1647 gr Ag Br

Berechnet für $C_9H_7O_2Br$	Gefunden
Br 35,24	35,03

Die Constitution dieser Verbindung findet in folgender Formel ihren Ausdruck:

$$C_6H_3 \begin{cases} Br \\ (1)\ O \text{———————}\rceil \\ (2)\ CH_2 - CH_2 - CO \end{cases}$$

Das Brom-Melilotsäureanhydrid ist in Alkohol und Chloroform ziemlich leicht, in Schwefelkohlenstoff schwer löslich. Von einer Lösung von kohlensaurem Alkali wird es anfangs nicht verändert; erst nach längerem Stehen geht es unter Kohlensäureentwickelung in Lösung. Dieses Verhalten stimmt also überein mit dem des Melilotsäureanhydrids. Eine ähnliche Uebereinstimmung zeigt sich auch im Verhalten gegen Wasser. Kaltes Wasser verwandelt das bromhaltige Anhydrid nur äusserst langsam in eine Säure, und auch hier ist nur von einer spurenweis auftretenden Säurebildung die Rede. Beim längeren Kochen mit Wasser verwandelt sich der grösste Theil des Anhydrids in die gebromte Oxysäure. — 4 gr des bromhaltigen Anhydrids wurden mit 30 gr Wasser übergossen und am Rückflusskühler 12 Stunden lang gekocht. Das Anhydrid schmilzt unter Wasser. In dem Maasse, in dem die Reaktion fortschreitet, trübt sich die Flüssigkeit milchig. Allmählig verschwindet die Trübung. Nach 12stündigem Kochen scheidet sich beim Erkalten ein Krystallbrei aus, der sich auf Zusatz von kohlensaurem Alkali unter Kohlensäureentwickelung zum allergrössten Theil wieder auflöst. Sobald alkalische Reaktion eingetreten ist, wird die Flüssigkeit mehrmals mit Äther ausgeschüttelt. Nach Verdunsten des Äthers bleiben kleine Mengen unzersetzten Anhydrids zurück. Aus der alkalischen Flüssigkeit dagegen fällt Salzsäure weisse, seideglänzende, dünne Blättchen einer bromhaltigen Säure aus. Dieselben können durch Umkrystallisiren aus Chloroform leicht vollständig rein erhalten werden und bilden dann rektanguläre Tafeln, die lebhaften Diamantglanz zeigen. Sie schmelzen bei 141—142^0 und gehen dabei in das Anhydrid über.

0,2204 gr der reinen Säure gaben 0,1672 gr Ag Br.

Berechnet für	Gefunden
$C_9 H_9 O_3 Br$	
Br 32,65	32,30

Der neuen Säure kommt die Constitution

$$C_6 H_3 \begin{cases} Br \\ (1)\ OH \\ 2)\ CH_2 - CH_2 - COOH \end{cases}$$ zu.

Sie ist ziemlich leicht löslich in warmem Chloroform und in Alkohol.

Durch 12stündiges Kochen mit Wasser wird sie nur zu einem kleinen Theil in das gebromte Anhydrid übergeführt, wie sich nach dem auf voriger Seite Gesagtem erwarten lässt.

EINWIRKUNG VON BROM AUF MELILOTSÄUREANHYDRID BEI HÖHERER TEMPERATUR.

Um die Einwirkung von Brom auf Melilotsäureanhydrid bei höherer Temperatur zu studiren, wurden 1,5 gr in einem Proberöhrchen befindlichen Melilotsäureanhydrids mittelst eines Paraffinbades auf eine Temperatur von 180° erhitzt und dann im langsamen Luftstrom 1,6 gr Bromdampf (entsprechend 2 Atomen Brom) durch das heisse Anhydrid hindurchgeleitet. Der Luftstrom wurde durch einen vorgelegten Aspirator regulirt und die Temperatur des Paraffinbades während der ganzen Dauer der Reaktion auf einer Temperatur zwischen 170 und 200° erhalten. Das Brom wird vollständig absorbirt, in dem Aspirator aber treten Dämpfe von Bromwasserstoff auf. Nach Beendigung der Reaktion wurde der Apparat schnell auseinander genommen. Das Reaktionsprodukt, das schwarz gefärbt war, erstarrte sofort vollständig und besass den Geruch des Cumarins. Nachdem nachgewiesen worden, dass auch diesmal das erhaltene Produkt, mit Alkalien gekocht, kein Brommetall lieferte, wurde dasselbe mit Wasser gekocht, wobei es fast vollständig in Lösung ging, während nur eine kleine Menge eines harzigen Körpers ungelöst blieb. Die farblose Lösung trübte sich beim Erkalten milchig; allmählig schieden sich weisse, spiessförmige, zu Bündeln gruppirte Krystalle ab. Dieselben sind mit Wasserdämpfen flüchtig und wurden, dank dieser Eigenschaft, leicht rein erhalten. Der Schmelzpunkt derselben liegt bei 67°, d. h. er stimmt mit dem des Cumarins überein; ausserdem besitzen sie den Geruch des reinen Cumarins. Die Identität des erhaltenen Körpers mit dem Cumarin wurde durch die Analyse nachgewiesen.

0,1989 gr der bis zum constanten Gewicht über Schwefelsäure getrockneten Verbindung gaben 0,5375 CO_2 und 0,0783 H_2O

Berechnet für $C_9H_6O_2$		Gefunden
C	73,97	73,71
H	4,11	4,37
O	21,92	
	100,00	

Die Reaktion kann demnach nur in der Weise verlaufen, dass zunächst ein Bromatom 1 Atom Wasserstoff in der Seitenkette substituirt, während das andere sich mit dem austretenden Wasserstoffatom zu Bromwasserstoff verbindet. Die Verbindung $C_6H_4\left\{\begin{array}{l} O\text{————————}| \\ CH\,Br - CH_2 - CO \end{array}\right.$ ist jedoch bei der Versuchstemperatur nicht beständig, sondern geht unter Abspaltung von 1 Molekül Bromwasserstoff, in Cumarin über:

$$C_6H_4\left\{\begin{array}{l} O\text{————————}| \\ CH = CH - CO \end{array}\right. \quad \text{oder} \quad C_6H_4\left\{\begin{array}{l} O\text{————————}| \\ C - CH_2 - CO \\ \| \end{array}\right.$$

Der Vollständigkeit halber sei hier noch erwähnt, dass die Versuche, aus dem gebromten Melilotsäureanhydrid, auf ähnliche Weise durch Behandeln desselben mit Brom in der Wärme, zu einem gebromten Cumarin zu gelangen, ein negatives Resultat ergeben haben. Eine grosse Menge Brom ging unzersetzt durch das geschmolzene, auf 160—190° erhitzte Anhydrid hindurch, Bromwasserstoff trat nur in geringer Menge auf. Der Schmelzpunkt des Reaktionsproduktes lag zwischen 110 und 150°. Ein grosser Theil desselben ist in Alkohol leicht löslich; dieser besteht im Wesentlichen aus unverändertem gebromtem Anhydrid, was durch Bestimmung des Schmelzpunktes nachgewiesen wurde. Ein andrer Theil ist schwerer löslich in Alkohol: aber auch aus diesem konnte ein einheitliches Produkt nicht erhalten werden. Der Schmelzpunkt dieses Theiles liegt zwischen 125 und 150°. Unter der Loupe kann man deutlich 2 Arten von Krystallen erkennen. Es gelang mir jedoch leider auf keine Weise die beiden Verbindungen von einander zu trennen.

SCHLUSSBETRACHTUNGEN.

Die Resultate der vorstehenden Arbeit sind kurz die folgenden:

Das Melilotsäureanhydrid zeigt in seinem chemischen Verhalten (speciell gegen Wasser und kohlensaures Alkali) eine fast vollständige Übereinstimmung mit dem Lacton der δ-Oxycapronsäure, woraus hervorgeht, dass der Eintritt von Benzolkohlenstoffatomen in den δ-Lactonring die Eigenschaften des Lactons nicht wesentlich beeinflusst.

Die Melilotsäure verhält sich vielfach ähnlich der δ-Oxycapronsäure, zeichnet sich aber vor dieser durch grössere Beständigkeit aus.

Ein ähnliches Verhalten wie die Melilotsäure und das Melilotsäureanhydrid zeigen auch die einfach gebromte Säure und das einfach gebromte Anhydrid, welche beide das Brom an Benzolkohlenstoff gebunden enthalten.

Durch rauchende, bei 0° gesättigte Bromwasserstoffsäure wird die Melilotsäure quantitativ in das Melilotsäureanhydrid übergeführt.

Durch Einwirkung von Brom (2 Atomen) auf Melilotsäureanhydrid bei höherer Temperatur werden direkt 2 Wasserstoffatome abgespalten und es entsteht Cumarin.

Ebert hebt in seiner Inaugural-Dissertation[1] hervor, dass die Aethylcumarin- und die Aethylcumarsäure, in Bezug auf ihre Constitution, wohl in einem ähnlichen Verhältniss zu einander stehen könnten, wie die Maleïn- und die Fumarsäure, woraus

---

[1] Strassburg 1881.

sich dann für das Cumarin und die Orthocumarsäure die folgenden Constitutionsformeln ergeben würden:

$$C_6H_4 \left\{ \begin{array}{l} O\text{—————————} \\ C - CH_2 - CO \\ \| \end{array} \right. \quad \text{und} \quad C_6H_4 \left\{ \begin{array}{l} OH \\ CH = CH - COOH \end{array} \right.$$

(Cumarin.) (Orthocumarsäure.)

Diese Formeln stehen im Einklang mit der Bildung der Melilotsäure aus Cumarin und Orthocumarsäure. Bei Zugrundelegung derselben müsste man aber annehmen, dass, bei der Bildung von Cumarin aus Orthocumarsäure mittelst rauchender Bromwasserstoffsäure, entweder ein Wasserstoffatom von einem Kohlenstoffatom zum benachbarten wanderte, oder aber, dass intermediär eine Verbindung

$$C_6H_4 \left\{ \begin{array}{l} OH \\ CHBr - CH_2 - COOH \end{array} \right.$$

entstände, aus welcher sich dann von einem und demselben Kohlenstoffatom Wasserstoff und Brom als Bromwasserstoff abspalten müssten, während gleichzeitig die Hydroxyl- und Carboxylgruppe unter Austritt von Wasser die Lactonbildung bewirken würden. Die Annahme, dass ein Wasserstoffatom von einem Kohlenstoffatom zum andern wandert, oder aber, dass sich Wasserstoff und Brom von einem und demselben Kohlenstoffatom als Bromwasserstoff abspalten, muss man auch machen, wenn man den Uebergang des Melilotsäureanhydrids in Cumarin (mittelst Einwirkung von Brom bei höherer Temperatur) erklären will.

Eine Verdoppelung der Formeln des Cumarins und der Orthocumarsäure kann unter keinen Umständen angenommen werden, denn sonst müssten, bei der Bildung der Melilotsäure aus den beiden Verbindungen durch nascirenden Wasserstoff, Kohlenstoffbindungen gelöst werden, ein Fall, der bis jetzt nicht bekannt ist. Für die Orthocumarsäure ist von Herrn Dr. Ebert durch die Dampfdichtebestimmung des Methyläthers die einfache Formel bewiesen worden.

Nach Allem, was bis jetzt über das Cumarin und seine Derivate gearbeitet ist, scheinen mir für diese Verbindungen die bis jetzt angenommenen Constitutionsformeln den bestehenden Verhältnissen immerhin leidlich Rechnung zu tragen:

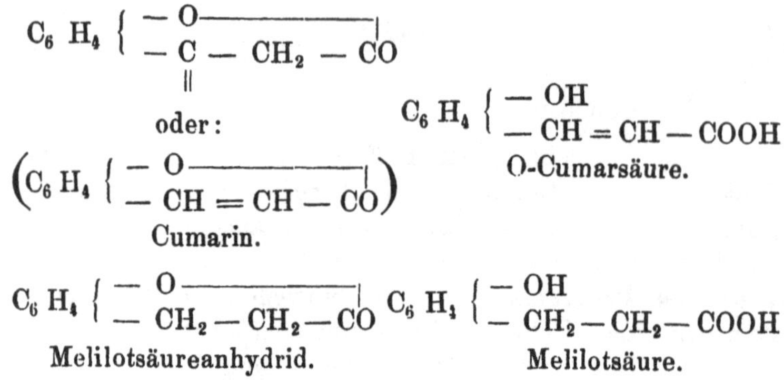

Kolibri 360 GmbH
Ferdinand-Jühlke-Straße 7
99095 Erfurt, Deutschland
produktsicherheit@kolibri360.de